中国少年儿童科学普及阅读文库

探索·科学百科™ 中阶

城市生活

1级D2

[澳]凯特·麦克兰◎著
冯薇(学乐·译言)◎译

Discovery EDUCATION™

全国优秀出版社
全国百佳图书出版单位
广东教育出版社 学乐

广东省版权局著作权合同登记号
图字：19-2011-097号

图书在版编目（CIP）数据

Discovery Education探索·科学百科. 中阶. 1级. D2，城市生活 / [澳]凯特·麦克兰著；冯薇（学乐·译言）译. 一广州：广东教育出版社，2012. 6
（中国少年儿童科学普及阅读文库）
ISBN 978-7-5406-9087-8

Ⅰ. ①D… Ⅱ. ①凯… ②冯… Ⅲ. ①科学知识一科普读物 ②城市一生活一少儿读物 Ⅳ. ①Z228. 1 ②TS976. 3-49

中国版本图书馆 CIP 数据核字(2012)第086431号

Discovery Education探索·科学百科（中阶）
1级D2 城市生活

著 [澳]凯特·麦克兰　　译 冯薇（学乐·译言）

责任编辑 张宏宇　李　玲　　**助理编辑** 能　昀　李开福　　**装帧设计** 李开福　袁　尹

出版 广东教育出版社
地址：广州市环市东路472号12-15楼　邮编：510075　网址：http://www.gjs.cn
经销 广东新华发行集团股份有限公司　　**印刷** 北京顺诚彩色印刷有限公司
开本 170毫米×220毫米　16开　　**印张** 2　　**字数** 25.5千字
版次 2016年3月第1版　第2次印刷　　**装别** 平装

ISBN 978-7-5406-9087-8　　**定价** 8.00元

内容及质量服务 广东教育出版社 北京综合出版中心
电话 010-68910906 68910806　网址 http://www.scholarjoy.com
质量监督电话 010-68910906 020-87613102　**购书咨询电话** 020-87621848 010-68910906

Discovery Education 探索·科学百科（中阶）

1级D2 城市生活

全国优秀出版社
全国百佳图书出版单位
广东教育出版社
學樂

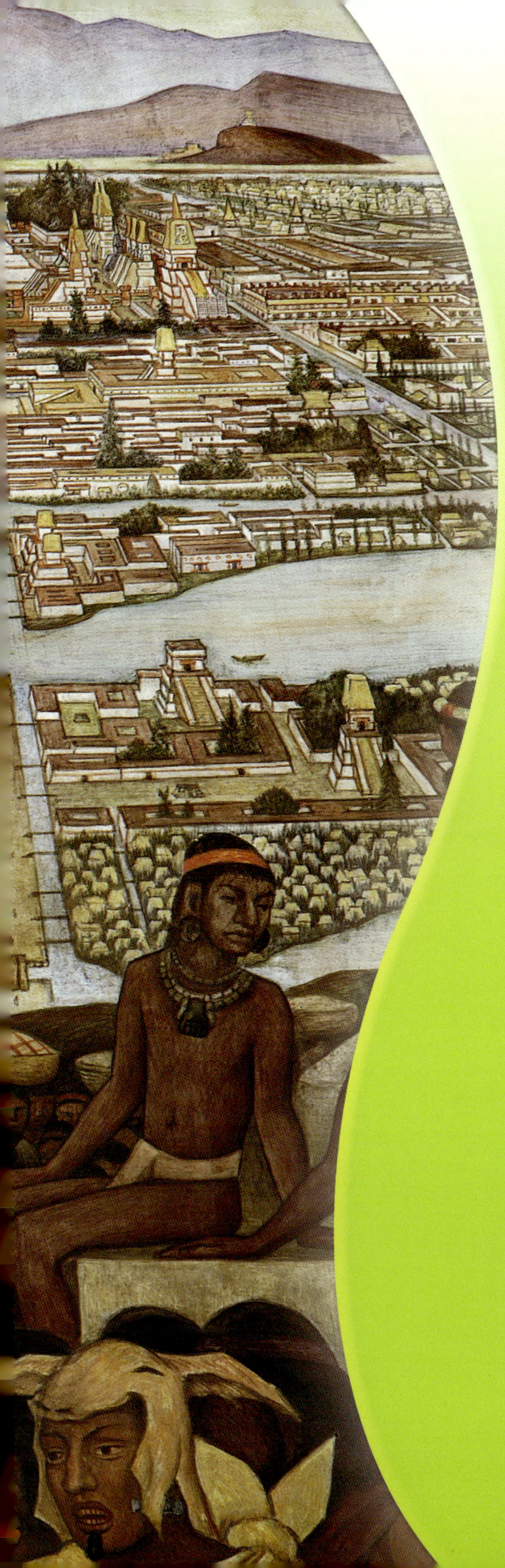

目录 | Contents

什么是城市？

人类定居地的规模各不相同，选择怎样的住宅可以由自己来决定。有的人住在小型的定居地中，比如村庄，有的人则选择住在稍大点的地方，比如城镇。在各种定居地中，城市是最大的。虽然城市生活拥挤，嘈杂又忙碌，并且生活压力也不小，但是城市生活却令人兴奋，充满乐趣。

海港城市

中国香港是一座依托维多利亚港建立起来的城市，如今已经成为世界上最重要的贸易和金融中心之一。

城市是贸易、艺术、教育、宗教和行政等方面的中心，它们拥有复杂的交通、通讯、垃圾处理和供水等系统。

城市有多大？

一个城市的人口常常有不同的统计数据，有时候只统计那些生活在市中心的人口，有时候也会连带郊区的都算上。2009 年，日本东京成为世界上人口最多的城市，一共有 3 700 万人生活在东京都市圈之中。

东京的一条繁华购物街

消失的城市

早期的城市是从农村发展来的，当农民种植的农作物有富余时，多出来的粮食能够养活那些从事工艺、建筑和贸易等非农业活动的人们，从而促进城市的发展。古代的城市通常配备有较好的防御设施，拥有宫殿和寺庙等大型建筑。

城市的周围是道路网络和灌溉系统，如果发生洪涝灾害或其他的一些资源无法供应的情况时，城市就有可能崩溃。

克里特王国克诺索斯的宫殿

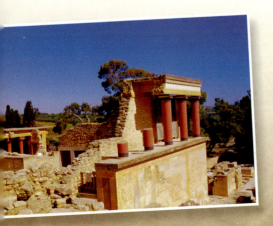

位于克诺索斯的米诺斯王宫是克里特岛统治者居住的地方，在公元前 1900 年到公元前 1400 年间，克诺索斯是一个橄榄油、香水、布匹和陶器的贸易中心，该城市在公元前 1500 年的一次地震中毁灭。

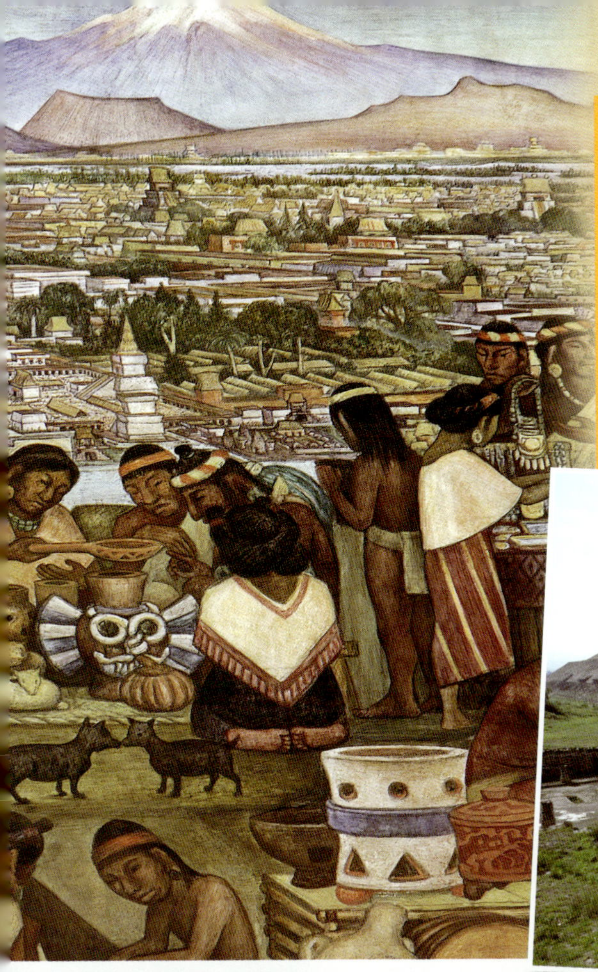

墨西哥的特奥蒂瓦坎

特奥蒂瓦坎是在公元 1 世纪至公元 8 世纪期间，古代中美洲地区最大的城市，大约公元 700 年，这座城市中的庙宇、宫殿和一些大型建筑被烧毁。一些研究者认为，是一场反对统治阶级的起义导致这座城市没落的。

特奥蒂瓦坎金字塔

特奥蒂瓦坎的阶梯金字塔曾经都涂有一层石膏，表面还有鲜艳的壁画。没有人知道这些金字塔是为哪位神而修建的。

柬埔寨的吴哥窟

吴哥窟是吴哥古城中众多寺庙中的一座，这些寺庙存在于9世纪至15世纪的柬埔寨，后来，发生了严重的洪涝灾害，洪水带来的大量垃圾堵塞了城市的灌溉系统，导致了这座城市的衰败。

伊拉克乌尔的大通灵塔

大通灵塔是乌尔城中最大的寺庙，这座位于伊拉克的城市在公元前 2600 年至公元前 500 年处于繁盛时期，乌尔所在地就是现在的伊拉克，后来由于干旱的天气和灌溉系统的崩溃而消亡。

幸存的城市

有些城市在很早之前就已经建立，它们在不断变化的世界中应对各种挑战而实现了持续发展。公元43年，罗马人入侵英国，他们在泰晤士河旁边修建了一个聚居地，并给它取名为“朗蒂尼亚姆（Londinium）”。在经过了数次起起伏伏之后，这个聚居地不断发展壮大成为世界上最大的城市之一：伦敦。

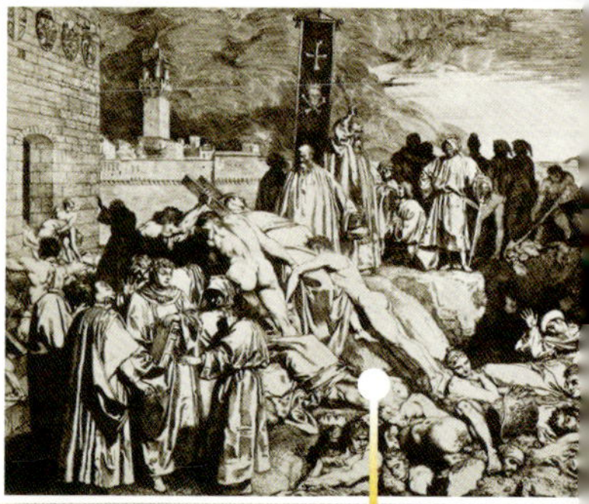

公元60年

罗马人的朗蒂尼亚姆城被英国布狄卡女王摧毁，但随后又进行了重建。公元410年，罗马人离开之后，这座城市慢慢走向灭亡。

公元886年

在国王阿尔弗雷德大帝的统治下，这座城市发展成一个港口，盎格鲁撒克逊人则重建了城市的罗马式城墙，用来抵御海盗的侵袭。

1066年

黑斯廷斯战役之后，威廉被加冕为英国国王，伦敦发展成为中世纪欧洲的一个重要政治中心。

1348年

黑死病（一种致命的鼠疫）在欧洲各地传播，伦敦遭到黑死病的首次侵袭，死亡人数占到了伦敦总人口8万人的一半。

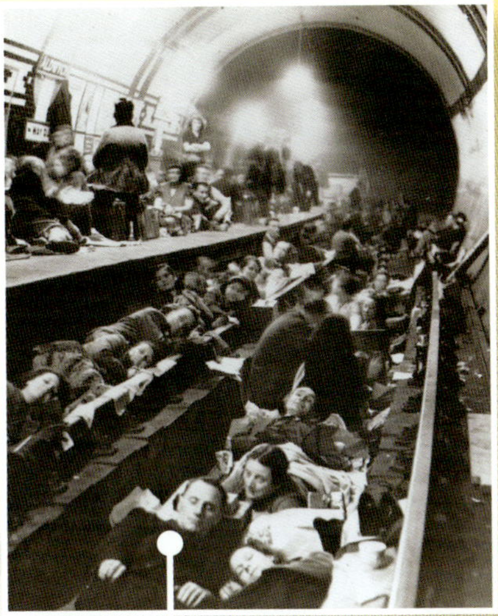

1665~1666 年

鼠疫再次席卷伦敦，共造成 7 万人死亡。随后，伦敦发生了巨大的火灾，烧掉了五分之四的城市建筑，这场鼠疫才结束。

1858 年

泰晤士河遭到严重污染，臭气熏天，推动市政府投入资金改善伦敦的污水处理系统。

1940 年

二战期间，德国对伦敦进行轰炸，迫使成千上万的人睡在地铁站之中。

1952 年

夹杂着致命污染物的大雾笼罩着伦敦，推动政府出台了第一部《清洁空气法》。

2003 年

出租车公司开始征收“交通高峰费”，以鼓励人们更多地使用公共交通工具。

法国巴黎

法国的首都巴黎以咖啡馆，时尚、艺术和漂亮的建筑闻名于世，代表性建筑巴黎圣母院位于塞纳河的一个岛屿上，而这个岛屿正是巴黎的起源地。

中国上海

上海老城区中的街道比较狭窄，在以前的贸易区中有许多欧式建筑。而如今的浦东新区则是一个聚集了许多工厂和公寓楼的现代化工业区。

现代城市

为了保证自身的正常运转，城市必须配备相应的基础设施，比如交通、医院、通讯、照明、供电、供水、污水处理系统等等。同时，城市还得为人们提供工作机会和住房，以及供人们聚会和享受的场所。尽管城市之间会存在一些共同的特点，但没有哪两个城市是完全相同的：有的城市拥有悠久的历史，建筑很古老；而有的城市则是近代才发展起来的，市内多是比较现代的建筑。城市会依托不同的景观而建，从风光旖旎的海岸到巍峨壮阔的山区。此外，每个城市中人们不同的生活方式也让城市变得独一无二。

阿联酋迪拜

自 1970 年以来，迪拜的人口增长迅速，从以前的 18.3 万增长到现在的 150 万。通过出售石油获取的巨大财富被用到城市的建设。目前迪拜已经发展成一个集国际贸易、金融和旅游等行业为一城的国际型城市。2010 年，迪拜市长谢赫·穆罕默德宣布正式启用世界上最高的摩天大楼——哈利法塔（又名“迪拜塔”）。

生活在一起

城市把很多人吸引到这里生活，市政府通过税收和收费来为市民提供各种资源。城市中的人越多，越富有，政府就能筹集到更多的资金。部分资金会用来建造一些特殊的地方，供市民聚会，丰富他们的城市生活。许多企业也在城市中尽可能多地博取公众的注意力，这样能为他们赢得更多的顾客。

展览

城市里的博物馆和画廊会展示艺术品和历史文物。位于巴黎的卢浮宫，是世界上最大的博物馆之一，每年有 830 多万人参观这座艺术殿堂。

做礼拜的场所

许多城市中都有比较大的寺庙、清真寺或教堂，这些建筑大多气势宏伟，让人肃然起敬。人们会聚集在这里进行相应的宗教活动。

纪念碑

纪念碑可以赋予城市特殊的身份象征。人们一提到纽约，首先想到的可能就是那座于 1886 年落成的自由女神像。

公共场所

城市还拥有一些每个人都可以前往的公共场所。许多城市中都有漂亮的水族馆、动物园、植物园、图书馆、美术馆、博物馆和宗教活动场所，供市民和游客们使用。

游乐园

人们可以在游乐园里放松自己，享受现场表演和游乐设施带来的乐趣。图为位于香港市区旁一个小岛上的迪斯尼游乐园。

购物天堂

购物是城市生活的重要组成部分。购物的场所有环境优雅的商场，也有繁忙的市场。图为位于土耳其伊斯坦布尔的大巴扎市场。

城市中的乐趣

城市中有各种东西可以让市民和游客们消遣享受，城市一年四季提供美食、购物、戏剧和电影等消遣或娱乐。此外，还有一些特别吸引人的活动（如节日盛会或体育赛事等）会在城市中举办，有时大型城市也会承办一些国际性的赛事，比如奥运会。

悉尼歌剧院

悉尼歌剧院中经常会有音乐会、歌剧和戏剧等演出，而剧院外面的场地可以用来举办摇滚音乐会。图为在 2009 年的一次灯光表演中的悉尼歌剧院。

城市游行

许多城市都举办庆祝游行。图为由纽约市的一家名叫“梅西”的百货公司赞助的感恩节大游行。

体育赛事

每隔四年，国际奥组委就会选择一个城市来举办奥运会。图为 2008 年在中国的首都北京举行的奥运会。

保持城市清洁

如此多的人生活在城市之中，所面临的一个巨大挑战就是如何保持城市的清洁。垃圾必须被回收，否则会堆积成山而产生恶臭气味，并引来各种各样的害虫。巨大的城市噪音也需要得到控制，从而保证市民的休息。污水需要得到有效处理，否则就会传染疾病。如果噪音、空气污染、城市垃圾等问题得不到处理，城市就会变得不健康。

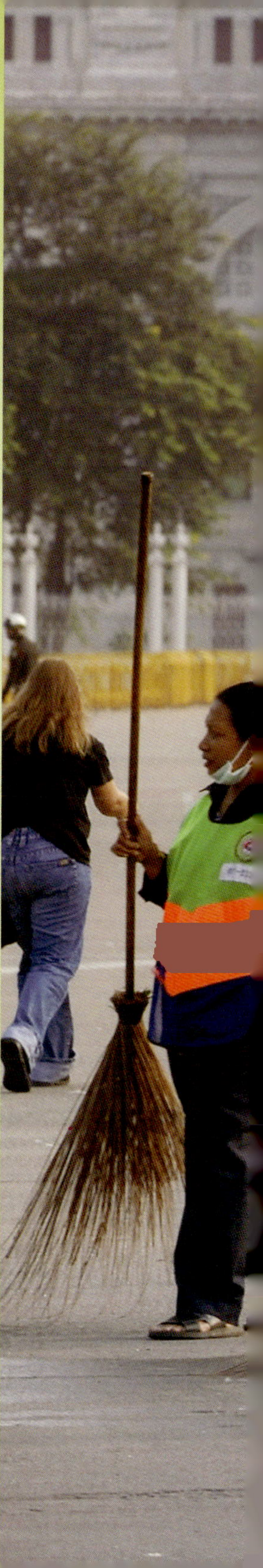

把垃圾捡起来！

像“澳大利亚清洁日”这样的社区垃圾回收计划可以提高人们对垃圾的重视。许多城市都实施了垃圾回收计划来减少城市中的垃圾。如果瓶子、易拉罐和废纸屑等垃圾能够得到回收，那么城市环境就不会那么差了。

空气污染

城市中通常会有许多工厂和汽车，这是造成城市空气污染的主要原因，由此会引发过敏、哮喘和其他疾病。为了降低空气污染，一些城市开始通过罚款等手段来对重污染的企业进行控制，同时鼓励市民在出行时尽量不要开车。

垃圾收集

城市每天都要制造大量的垃圾，如果不及时进行收集，马上就会堆满城市的街道。街道清洁工会把人们丢弃的垃圾收集起来，专用垃圾车会将这些垃圾运到专门的垃圾清理场。

城市交通

城市是一个面积广阔、人口稠密的地方，人们经常需要穿梭在各个区域之中，人们工作和生活的地方可能并不在一个区域，人们可能会购买食物然后带回家，也可能需要去医院，去看比赛，或者去拜访朋友等等，这时人们可以选择多种出行方式。

渡轮

澳大利亚的悉尼是从一个海港城市逐渐发展起来的，生活在港边的人们在出行时往往会选择渡轮。

巴士

伦敦的“红色巴士”是非常有名的。如今，更为清洁的、安装有液态氢电动发动机的巴士正在逐渐普及。

火车

在日本的东京，每天会有数百万人选择整洁而高效的火车出行。

公共交通

公共交通工具能够容纳许多人同时出行，从而减少出行车辆的数目，这不仅能够节省燃料，还可以减少堵车的情况发生。如果你选择公共交通工具出行，你不用担心私家车保养，也不用担心能否找到停车位。

电车

在中国的香港，90%的出行借助公共交通工具完成，其中就有非常出名的“叮叮电车”。

私人交通工具

私人交通工具相对来说会更为方便一些，如果你拥有自行车、汽车或者游艇，就可以随时去那些你喜欢的地方，你可以开着自己的车去购物，带着宠物去兜风，甚至可以运送一些大件物品。

船

在泰国曼谷的郊区，许多人居住在运河上，他们的出行工具就是小船。

摩托车

在越南的河内，随着市民们生活的日益改善，速度更快的摩托车逐渐取代了自行车，可空气污染情况也越来越严重。

自行车

在荷兰的阿姆斯特丹，选择自行车出行的人多于选择汽车出行的人。

汽车

在美国的洛杉矶，私家车拥有的比例比其他任何城市都要高，城中的公路每天都要承受巨大的交通压力。

城市中的野生动物

城市中的人们需要在大自然中放松自己。位于纽约市中心的中央公园就是世界上最著名的一个城市公园，在这里生活着许多非人类的“居民”。有些动物（如浣熊和松鼠）会全年生活在这里，而其他的一些动物（如鸟类）则会进行季节性的迁徙。进入公园的游客都很喜欢观赏这些野生动物。

浣熊

浣熊属于夜行动物，白天它们会睡在树洞里，它们以坚果、浆果、昆虫、各种蛋、青蛙和人类的剩菜剩饭（如比萨饼和面包）为食。

大蓝鹭

人们经常能在公园的湖泊中看到正在涉水的大蓝鹭，它们以小型鱼类和水生昆虫为食，还以捕食鳄龟的本领而闻名。

鳄龟

鳄龟生活在湖泊和池塘之中，经常会在沙岸挖一些洞来储存自己下的蛋。它们以昆虫和青蛙等小动物为食。

红尾鹰

红尾鹰比较适应城市中的生活，它们通常会在公园附近的建筑上搭巢，以老鼠和松鼠等小型哺乳动物为食。

东部鸣角鸮

东部鸣角鸮（猫头鹰的一种）曾经生活在纽约市里，但在 20 世纪 60 年代几乎消失，纽约为此在 20 世纪 90 年代启动了一个“鸣角鸮的恢复计划”。

东部灰松鼠

东部灰松鼠常年生活在中央公园里，冬季也不冬眠，它们通常在树上筑巢，以坚果、种子和树皮为食。

褐鼠

为了避免招引老鼠，公园里总是尽可能保持清洁，公园中很少使用鼠药，这是为了避免以老鼠为食的老鹰或猫头鹰出现中毒的情况。

野鸭

野鸭通常以水生植物为食，但它们也会被游客喂食。它们常年生活在公园中，带着它们的小鸭为游客带来种种乐趣。

不可思议！

纽约中央公园始建于1853年，面积达到了约 283 公顷，起先这里是一片以砾石和沼泽为主的土地，后来，人们在这里重新种植了数千棵树木。到 1863 年，公园的总面积已经扩展到了 341 公顷。

棚户区的居民

发展中国家的城市发展速度非常快，致使许多人居住在服务设施匮乏的棚户区地区。在这里生活着城市最为贫穷的人，他们从城市的垃圾品中寻找一些能用或者能换钱的东西。

城市中的贫富差距

富裕的人能够支付得起城市所提供给他们的最好的东西，而较为贫穷的市民则无福享受。在许多城市中，每天都有来自农村的人们在找工作或争取获得教育的机会。有时候，城市中的人口总量甚至会超过政府所能提供的服务能力，比如交通和污水处理系统等。

里约热内卢的一个富人的家

分裂的城市

在巴西的里约热内卢，富人们一般居住在临近海滩和湖泊的地方，或者城市中的那些古老且风景秀丽的地方，而穷人们则居住在山坡用废弃金属和纸板搭成的窝棚之中。

位于里约热内卢山区的一个棚户区

无家可归

无家可归的人没有固定的住所。据估计，在 2005 年，全世界共有 1 亿无家可归的人，大多数生活在城市之中。2009 年，仅纽约市就有 3.9 万无家可归的人，其中有近一半是儿童。

由你来选择

如今的城市面临许多挑战。世界人口不断增长，而城市的规模也将随之增大。与此同时，地球上的自然保护区、能源以及清洁水资源正在不断萎缩。许多城市必须要做出重要的决定来应对现在和将来出现的各种问题。

历史建筑

遗产

新建筑可以为了适应现代化的需要而建设起来，然而，我们并不希望所有的建筑都是新建的，否则会丢掉我们的遗产。难道那些有历史的建筑都应该被新的取代掉么？

现代建筑

发电厂

能源

随着城市的发展，所需的能源也越来越多，而某些燃料的产量却在不断下降，那么怎样做才能满足城市对能源的需求呢？此外，某些燃料的燃烧也会对环境造成破坏。那么，哪些燃料能够为城市提供清洁、安全又不太昂贵的能源呢？

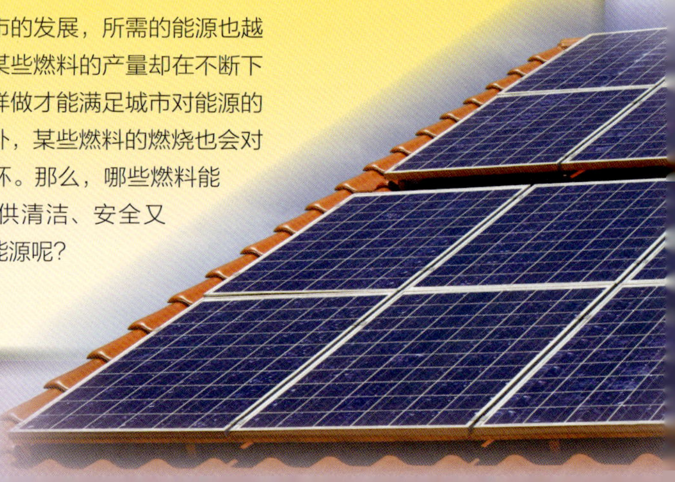

太阳能

交通运输

城市是应该大力发展公共交通呢？还是应该为私家车修建更多的道路呢？相对来说，私家车是比较方便，但需要使用大量的燃料，并会造成交通拥堵。而公共交通工具不仅能减少燃料的使用，也能降低城市中车辆的总数。

私家车

公共交通工具

房屋

在平地上建造独栋房屋将会占用大量的空间，可是，生活在公寓之中又会比较局促。人们是应该集中居住在公寓楼中呢？还是分散居住在郊区呢？

单户住宅

公寓楼

垃圾

对于城市中的垃圾，是应该进行回收，还是应该运送到垃圾场呢？垃圾场会占用一大块土地，并且会释放出有害的甲烷气体。垃圾回收能够节约资源，但是却需要复杂的垃圾回收系统。

垃圾场

垃圾回收厂

小测试

做一做下面的测试题，看看记住了多少关于城市的知识。

1 哪个城市拥有被当地人称之为“叮叮电车”的公共交通工具？

2 哈利法塔是什么？位于哪个城市？

3 1348 年，是什么原因造成伦敦人口减少一半？

4 卢浮宫——世界上最伟大的博物馆位于哪个城市？

5 哪个古老的城市在经历了一场地震之后进入了衰落阶段？

6 哪个城市主办了 2008 年的奥运会？

7 自由女神像是在哪一年在纽约落成的？

8 2005 年，全世界大约有多少无家可归的人？

答案：1 香港 2 世界最高楼，位于迪拜 3 黑死病 4 巴黎 5 克诺索斯 6 北京 7 1886 年 8 1 亿

知识拓展

市民 (citizen)

居住在城市或城镇里的人，拥有使用城市相关服务的权利。

通勤者 (commuter)

比较有规律地通过汽车、火车、公共汽车或其他交通工具往返于工作地点和生活地点的人。

交通堵塞 (congestion)

由于行人或车辆过多而造成的道路拥堵现象。

人口密度 (densities)

用来衡量事物或人口之间紧密度的一种标准——人口密度越高的地区，单位面积内生活的人就会越多。

高效 (efficient)

能够按时完成某件事的行为，比如把乘客送到目的地。

前院 (forecourt)

位于建筑前方的院子或开阔地。

遗产 (heritage)

由上一代人或几代人遗留给我们的东西，比如我们祖父母时代的建筑物等。

冬眠 (hibernate)

某些动物在冬季所进入的一种类似于睡眠的状态。动物在冬眠时不会进食，完全依靠体内的脂肪生存。

基础设施 (infrastructure)

城市或国家中的公共工程或建筑，通常用来为居民提供服务，如铁路运输的铁轨和列车等。

创新 (innovations)

能够起到改进作用的新事物和不同的事物。

灌溉 (irrigation)

用来对种植作物的土地进行浇水的水渠系统或管道系统。

地形 (landscapes)

指定地区的地表形状、外观和功能等，如沿海或山地风景。

古代中美洲 (Mesoamerica)

包括现代墨西哥和中美洲的地区，在古代曾被玛雅和奥尔梅克人占领。

大都市 (metropolitan)

大城市或与大城市相关的地区。

迁移 (migration)

从一个地区转移到另一地区的行为，有时候是群体转移。

风景如画 (picturesque)

迷人、漂亮的风景。

政治的 (political)

与政府相关的事务和一个城市或国家运作的方式。

人口 (population)

居住在一个地方（如一座城市或一个国家）的所有人。

住宅 (residential)

人们进行日常生活的地方，而不是工作或娱乐的地方。

定居地 (settlements)

人们永久居住的地方，如村庄、城镇或城市。

污水处理系统 (sewerage)

运输污水（即人体废物和水的混合物）的下水道和水泵系统。

盈余 (surplus)

超过所需的部分。盈余食物，指的是在满足基本需求之后剩下的食物。

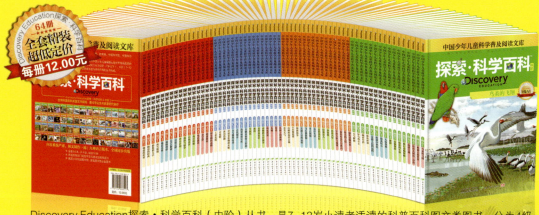